# 拉普拉斯兽

小问号童书　著 / 绘

中信出版集团 | 北京

**图书在版编目（CIP）数据**

拉普拉斯兽 / 小问号童书著绘 . -- 北京 : 中信出
版社 , 2023.7
ISBN 978-7-5217-5149-9

Ⅰ . ①拉… Ⅱ . ①小… Ⅲ . ①牛顿力学 - 少儿读物
Ⅳ . ① O3-49

中国版本图书馆 CIP 数据核字 (2022) 第 252587 号

**拉普拉斯兽**

著 绘 者 : 小问号童书
出版发行 : 中信出版集团股份有限公司
　　　　　（北京市朝阳区东三环北路27号嘉铭中心　邮编　100020）
承 印 者 : 北京启航东方印刷有限公司

开　本 : 710mm × 1000mm　1/16　　印　张 : 2.5　　字　数 : 59千字
版　次 : 2023年7月第1版　　　　　　印　次 : 2023年7月第1次印刷
书　号 : ISBN 978-7-5217-5149-9
定　价 : 20.00元

出　品 : 中信儿童书店
图书策划 : 神奇时光
总 策 划 : 韩慧琴
策划编辑 : 刘颖
责任编辑 : 房阳　　　　　营　销 : 中信童书营销中心
封面设计 : 姜婷　　　内文排版 : 王莹

世界上有一位智者，
他神通广大，无所不知，
甚至可以预测未来。
有一天，这位智者遇到了一个麻烦……

在卡尔瓦多斯，有一位名叫拉普拉斯的智者。他聪明绝顶，能卜会算，世界上就没有他不知道的事。

人们慕名而来，在拉普拉斯的楼阁前排起了长长的队伍。

2

远行的亲人是否平安，祖辈发生过什么故事，哪儿能捡到陨石，强盗的宝藏在哪里……已经发生的事情，问他准没错。

　　明年作物的收成好不好，战争能否胜利，彗星什么时候到来……还未发生的事情，他也有答案。

　　"只要给我一些信息，我就能知道一件事的前因后果，一个人的过去未来。"

　　但现在，无所不知的拉普拉斯遇到了麻烦。

有一个叫利奥的男孩，来到了拉普拉斯面前。

4

利奥不知道自己的未来会是什么样。

教写作的赛娜老师，要求每个人写一篇"未来要做什么"的作文。这可难坏了利奥，他东张西望，想要看看别人写了些什么。

"利奥，这又不难。"赛娜老师说。

但如果你不知道自己将来想要做什么，就难了，其他的孩子都知道。

利奥的好朋友阿克塞尔，以后想开超市，这样就能有吃不完的零食；另一个好朋友克莱尔，将来要开一间银行，这样就会有很多很多钱；连利奥最讨厌的同学布莱特，也有自己想做的事情，不过他为人小气，不肯告诉任何人。

这节作文课，只有利奥什么都没写。

"我的未来是什么样的呢？"想了很久，利奥也想不出来，老师和爸爸妈妈都给不了他答案。

利奥想到了无所不知的智者——拉普拉斯。

未来要做什么

"小事一桩！"智者拉普拉斯闭上眼睛。在此之前，拉普拉斯从没有见过利奥，但只需一眼，他就掌握了利奥的过去和现在的种种信息，这些信息不断演化，最终形成一个大气泡，气泡中的画面从朦胧到明晰——成年的利奥正在做面包！

"我知道了，是面包师！我妈妈就是面包师。不过，来之前，爸爸说我可以像他一样，成为一名舞蹈家！"利奥的话音刚落下，气泡便一分为二。新的气泡里，成年的利奥正在舞台上跳舞！

"不，这绝不可能！"拉普拉斯的表情严肃得吓人。他重新检测起了利奥的未来，但不管再试多少次，结果还是一样——利奥有两个未来！

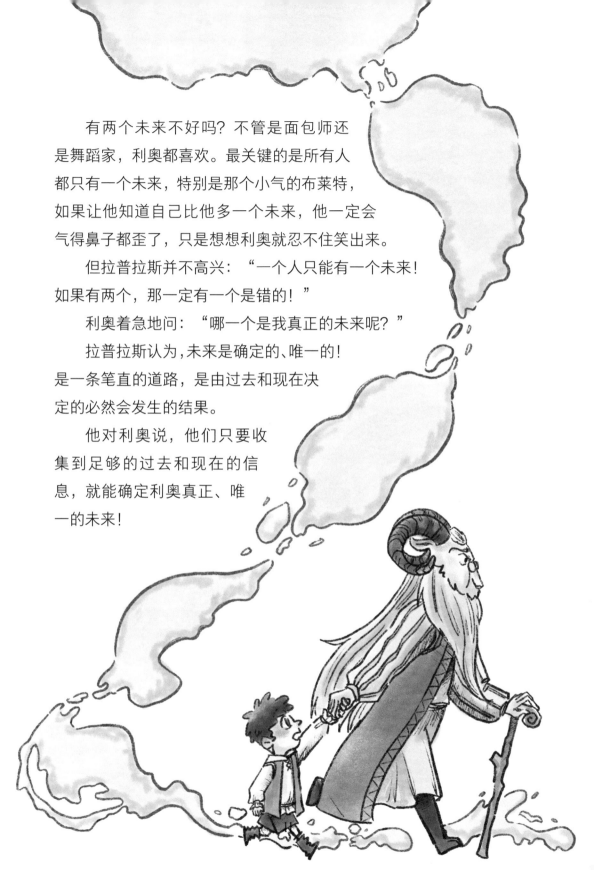

有两个未来不好吗？不管是面包师还是舞蹈家，利奥都喜欢。最关键的是所有人都只有一个未来，特别是那个小气的布莱特，如果让他知道自己比他多一个未来，他一定会气得鼻子都歪了，只是想想利奥就忍不住笑出来。

但拉普拉斯并不高兴："一个人只能有一个未来！如果有两个，那一定有一个是错的！"

利奥着急地问："哪一个是我真正的未来呢？"

拉普拉斯认为，未来是确定的、唯一的！是一条笔直的道路，是由过去和现在决定的必然会发生的结果。

他对利奥说，他们只要收集到足够的过去和现在的信息，就能确定利奥真正、唯一的未来！

拉普拉斯认为，过去和现在决定未来。

去哪里寻找过去呢？他们找到了一本厚厚的相册。

在照片里，利奥挥舞过魔法师的法杖、穿过骑士的铠甲、和小伙伴们假扮过海盗、在墙上画过画、望着月亮沉思过……

真酷！我都不记得自己坐过这么大的船！

这些照片激起了利奥对未来的各种幻想。他问智者拉普拉斯，舞蹈家、面点师、魔法师、骑士、海盗、画家和天文学家，哪一个是未来的他呢？

利奥的未来发生了变化，气泡从两个变成了七个！不能再这样下去了，拉普拉斯想：我收集过去的信息是为了解决问题，而不是为了制造更多的问题！

"有关过去信息的收集就到此为止，现在我们去找更有用的、有关现在的信息！"拉普拉斯说。

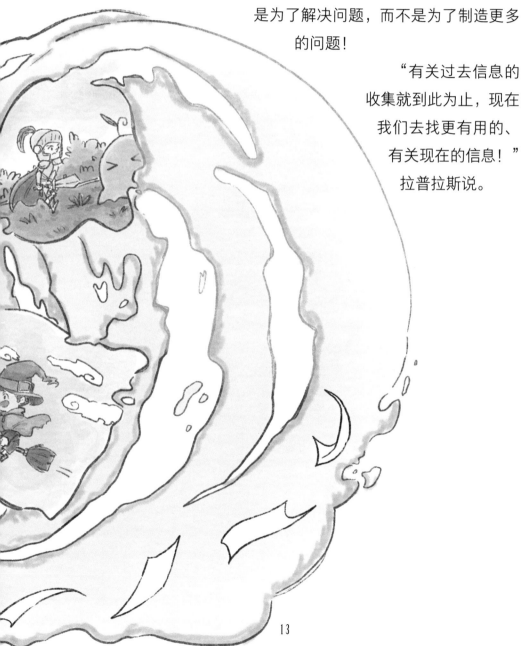

"记住！自然一点，和以前上学一样！"拉普拉斯对利奥强调，"今天一整天，你绝对、绝对不能想有关未来的任何事情！"利奥喜欢幻想，而每一次幻想，都会让他的未来多出一种新的可能。

　　利奥越想表现得自然，就越紧张，他甚至走路都同手同脚了！他努力把注意力集中在课堂上，这让他在音乐课上超常发挥，老师把他夸了又夸。"或许当个音乐家也不错，"利奥想，但他马上反应过来，"快忘记！快忘记！"

　　利奥的朋友们知道他不确定未来的样子，都愿意把自己的"未来"和利奥分享。

　　他们吵了起来，谁都觉得自己的未来是最好的。"让利奥自己来选！"利奥选不出来，他觉得每一个听起来都很有趣，不行，不能想！可是，利奥越是控制自己不去想象，就越会产生各种天马行空的想法。

　　三十七个，足足三十七个未来！拉普拉斯气得说不出话。

15

利奥没办法去掉任何一种可能的未来，每一个他都喜欢，每一个他都不确定。

"难道别人向我提问时，无所不知的智者却要告诉他三十七种答案吗？不能给出确定的答案，和不知道答案又有什么区别！"拉普拉斯绝不允许世界上有自己不能确定的事。

但拉普拉斯已经不能通过收集信息去排除其他可能了。利奥一定会有更多的想法，产生更多的可能！

拉普拉斯决定，为利奥培养一个未来，去取代那三十七种可能。

什么样的未来可以让利奥放弃其他可能呢？

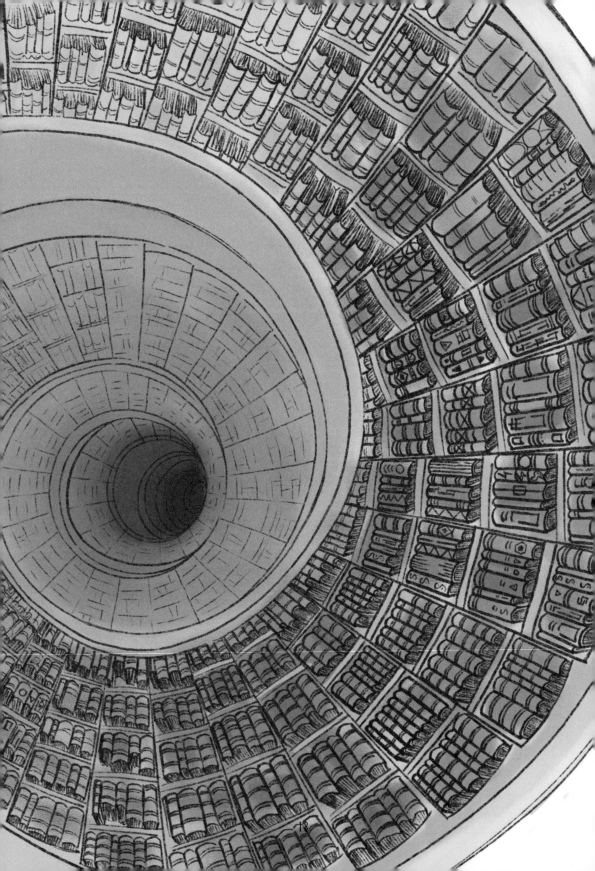

拉普拉斯决定将利奥培养成为一名智者！智者，受人尊敬，通晓世上所有秘密，一定是所有孩子都梦寐以求的未来。

拉普拉斯打开他的私人信息库，这个旋梯式的信息库堆满了各类信息，往上看不到顶，往下看不到底。这些信息分成了不同的种类：天文、地理、科学、人文……旅行、宝藏、秘闻、魔法、炼金……过去、现在和未来，人们能想到的一切，这里应有尽有。

"现在，把这一排的信息都看完、记住并做一个系统的分析！成为一名智者需要推理计算能力！"

利奥开始阅读这些信息。"几百年前，我家那里还是个湖泊呢。""天哪！过几天会有流星雨！""这个！卡尔瓦多斯传说中的神秘宝藏！"

利奥一下子就被传说中的宝藏吸引住了："拉普拉斯，我不想当智者了，我们去寻宝吧！"

利奥的未来里没有智者这一可能，反而多了一个寻宝猎人。"没有品位的小孩！"尽管不情愿，但为了解决利奥的问题，拉普拉斯还是决定带着利奥去寻宝。

根据拉普拉斯掌握的信息，他们翻过一座山，涉过一条河，来到卡尔瓦多斯最东边的一片丛林，围着第五棵树转了三圈。"找到了！卡尔瓦多斯的神秘宝藏！"

"哼！只要你成为无所不知的智者，世上就没有你不知道的宝藏。"

闪闪发光的金币和宝石、锈蚀的兵器、奇异的古董，甚至还有一张新的藏宝图！

"不！我不要当智者，我还要去探险，我要成为寻宝猎人！"

拉普拉斯看到利奥另外那三十七种可能的未来渐渐模糊，而寻宝猎人这一未来则越来越明显。他高兴地说："世界上再也没有我不知道的事了！"

就在这时，洞穴深处传来了一阵阵"吼——吼——"的咆哮声，黑暗中一双巨大的眼睛正盯着他们。

"放轻松，小事一桩，我能解决！成为
寻宝猎人是最棒的！你要坚持自己的想法！"
这些话一点都不能安慰到利奥，他看着
吼吼兽那巨大的身躯，听着吼吼兽朝他发出"吼——
吼——"的声音，吓得跌坐在地。

利奥在洞穴里四处躲避，吼吼兽一口咬向利奥。"不要啊！！！"利奥大叫起来，却没有感到疼，原来，吼吼兽只是用舌头友善地舔了一下他。"哈哈哈，别舔了，好痒啊！"

利奥表示不满，但拉普拉斯更生气了。所有努力都白费了，寻宝猎人彻底消失在了利奥的未来里，那三十七种可能的未来又出现了，不仅如此，利奥还新增了一种未来——驯兽师！

我说了小事一桩．我的信息里明明记载了吼吼兽性情温驯。

如果我们没有来寻宝，它确实明年才会醒！

你的信息里还说吼吼兽明年才会醒呢！

这些信息一点都不准，随随便便就变！

　　"我不知道你的未来是什么样子的，你回去吧。"
拉普拉斯不想再帮利奥找未来了，他甚至想假装这一切
都没发生过，这样谁也不知道号称无所不知的智者拉普
拉斯，居然无法确定一个小男孩的未来。

　　他们乘坐热气球回家，热气球飞向天空，冲向重重
云彩。

　　夜空明了洁净，利奥第一次看到这么大的月亮、这么多的星星。太漂亮了，利奥惊讶得说不出话。
　　利奥的未来又变多了。

利奥注意到拉普拉斯的失落，他对拉普拉斯说："是我的未来有太多种可能，给您带来困扰了吗？"

"不，和这个没关系。"

"那是为什么？"

拉普拉斯沉默了好一会儿，才告诉利奥，他一直认为世界上所有的事都是确定的，原因造就结果，过去决定未来，世界上所有事情的未来早已确定，不管人们愿不愿意，都在走向那个既定的未来。

但是，利奥的过去不能决定他的未来，利奥的现在也不能决定他的未来，利奥有那么多种可能的未来，即使拉普拉斯算出利奥的千万个可能的未来，这些未来也会像寻宝猎人一样，有千万个变数，而这是没有尽头的。

就连吼吼兽也会因为我们的到来提前苏醒。这些变数，这些未来，我根本就没有办法确定，我再也不是无所不知的智者了！

就在这时，夜空划过无数颗流星。"拉普拉斯先生，是您预测的流星雨！"利奥开心地说。

"那又怎样，我还是一个失败的智者。"

"您是我见过的最厉害、最博学的智者了，如果世界上所有事情早就确定好了，那就一点也不好玩，也不惊喜了。"

"惊喜？"拉普拉斯低声重复道。

"是的，就像拆礼物，如果我知道里面是什么，快乐就要少一半。如果我知道明天会发生什么，明天就没有惊喜，就不值得期待了。"

"我知道我的未来是什么样的了！"利奥激动地说，"我的未来要一直有惊喜，我想体验各种新鲜事！"

这算什么答案？拉普拉斯不能接受，但当他再一次预测利奥的未来时，却惊讶地发现，有关利奥的未来，一下子涌现出了成千上万种可能。

拉普拉斯沉默了。终于，他像是放下了什么包袱："利奥，未来不是唯一的，是无数个选择造就了这个未来。你想要什么样的未来，就朝着那个方向努力吧。"

新的一天，太阳会重新升起；新的一年，春天会再次到来。所有人的未来就在每一个新的一天、每一个新的一年里，未来总是有着各种可能。

人们依旧排起长队，来询问拉普拉斯各种问题，不过这一次，拉普拉斯定了一个新规矩：概不寻找未来。

不仅如此，拉普拉斯也不再像以前那样，现在他回答别人问题时，总是会说"大概率""有可能"……

给亲爱的赛娜老师，上次的作文我已经完成了。

## 未来要做什么

我的未来要一直有惊喜……

# "拉普拉斯兽"是什么？

## 拉普拉斯

拉普拉斯（1749—1827），法国天文学家、数学家和物理学家，曾经担任拿破仑的老师。

我无所不知。

拉普拉斯假设，有一个智者——拉普拉斯兽，这个智者稍稍动动手指和眼睛，就能知道在某一时刻宇宙中每一个粒子的运动状态，再运用力学公式，就能计算出这些粒子过去的运动状态和未来的运动状态。

换句话说，拉普拉斯兽知道宇宙中任意时间，不管是过去、现在还是未来发生的所有事情。

牛顿力学

拉普拉斯本人是牛顿力学的忠实信徒。在他生活的时代，牛顿几乎成了科学的代名词。在日常生活中，人们所能看到的所有运动，小到苹果落地，大到行星运转，都能用牛顿力学完美解释，当时的人们甚至相信，世界是可以用物理定律机械地描述的，所有事物就像钟表一样，会严格、稳定地运行。

在用牛顿力学成功解释了许多天体的运动后，拉普拉斯更加推崇牛顿的机械宇宙观，因此他后来提出了拉普拉斯信条，也被称为决定论，无所不知的智者——拉普拉斯兽就此诞生。

## 什么是决定论？

决定论在 18 ～ 19 世纪基本上统治了科学界。它认为一切都是由"因果关系"联系起来的，有其因必有其果；世界的运动都由确定的规律决定；过去的事件导致未来的事件，知道了原因后一定就能知道结果。

世界就像一部严格又规律运行着的钟表，而总有一天，我们能掌握这部钟表运行的规律。那时，只要我们再了解足够多的信息，就能预知一切。

不过，事情真的是这样吗？

# 背后的理论：机械决定论之误

拉普拉斯兽真的存在吗？未来是否真的早已注定？整个 19 世纪，科学家们都被这只号称掌握宇宙所有细节和法则的"小兽"吸引诱惑。直到 20 世纪，某些现象的发现，让人们意识到，牛顿动力学和因果决定论只在一定范围内起作用，智者拉普拉斯兽也并非真的无所不知。

量子力学的出现给了拉普拉斯兽一记重创。量子力学表明，微观粒子的动量和位置不能同时被测量。也就是说拉普拉斯兽并没有号称的那么无所不知！

当代混沌理论也否定了拉普拉斯兽的存在。混沌理论认为，初始条件的细微变化可能导致极为不同的结果，而我们不可能将万物演变的初始状态，掌握到无比精确的程度。

就算我们掌握了万物演变的初始状态，拉普拉斯兽观测行为的本身，也可能会对事物的状态造成干扰，导致事物朝另外一个方向发展。

人的意识也是无法被确定、被预测的。就像故事中的利奥，总是能冒出许多拉普拉斯兽猜不到的想法。

无所不知的拉普拉斯兽是不存在的，但这个智者却有着重要的价值和意义。拉普拉斯兽的出现是人类对于宇宙真理、本质的一种渴望。但是，如果未来早已确定，我们和设定好程序的机器人又有什么区别呢？

未知给了我们无限的动力和前进的可能，就像故事主人公利奥一样，他有无限多种可能的未来，但哪一种未来将会实现，是由利奥他自己的行动决定的。每个人的未来都应该掌握在自己手中。

我的未来我做主！

# 写给未来的自己

你一定像利奥一样好奇未来的自己会成为什么样的人吧？不如给未来的自己写一封信吧，告诉他你现在喜欢什么，擅长做什么，今后会努力成为什么样的人，问问他是不是全部都实现了。

画一画未来的自己